Wunderbare Pflanzenwelt

BOTANISCHE GÄRTEN

PARKLAND

Euredition

Betreut von Euredition, Den Haag, erscheint dieser Titel gleichzeitig in Deutschland, Frankreich, Großbritannien, Italien und den Niederlanden

Fotografie:
PPWW Plant Pictures World Wide, Daan Smit
Text:
Nicky den Hartogh

Übersetzung:
Alfred P. Zeller

Konzept, Entwurf und Redaktion:
Boris van Dobbenburgh
Satz:
Mark Dolk/Peter Verwey Grafische Produkties
Lithographie:
Unifoto PTY Ltd, Kapstadt
Herstellung:
Agora United Graphic Services bv,
's-Graveland
Druck und Bindearbeiten:
Egedsa, Sabadell, Spanien

ISBN 3-8859-799-5

EINFÜHRUNG

Seit dem ausgehenden 17. Jahrhundert gelangten exotische Pflanzen in großen Mengen nach Europa. Alle damaligen Seemächte hatten starke Flotten ausgerüstet, um überseeische Gebiete zu kolonisieren und mit Gewürzen und anderen »Kolonialwaren« einen schwunghaften Handel zu treiben. Weltumspannende Handelsgesellschaften brachten aus fernen Ländern Samen und Früchte, Rohstoffe und exotische Zierpflanzen ins Abendland. Herrscher und Großkaufleute nahmen Naturkundler in ihre Dienste und schickten sie in die entferntesten Ecken der Welt. Der bis dahin unvorstellbare Pflanzenreichtum Amerikas, Australiens, Afrikas und Asiens ließ vielerorts in der Alten Welt Botanische Gärten entstehen.

Vorläufer der bereits ab dem 16. Jahrhundert eingerichteten Botanischen Gärten war der mittelalterliche »hortus botanicus«, der Kräutergarten der Klöster und medizinischen Fakultäten der Universitäten, in dem Heil- und Gewürzkräuter angebaut wurden. In der Heilkunst des Mittelalters spielte die Kräuterkunde (Botanik, von griechisch »botane« = Kraut) eine erstrangige Rolle, und so war für angehende Ärzte und Apotheker ein gründliches Studium der in den Kräutergärten kultivierten Arzneipflanzen unerläßlich. Erste an Universitäten angegliederte Botanische Gärten wurden in den italienischen Städten Pisa (1543), Padua (1545) und Florenz (1550) geschaffen. Es folgten Botanische Gärten in Leiden (1587), Paris (1635), Amsterdam (1638) und Edinburgh (1670).

Mit dem Aufschwung, den die Wissenschaften seit dem Anfang der Neuzeit nahmen, wuchs auch das Interesse an der Natur. Beim Studium der Pflanzen stand nicht mehr nur deren Nutzen für den Menschen im Vordergrund, sondern man befaßte sich auch mit ihren botanischen Eigenheiten hinsichtlich der Gestalt, der Blüten, Samen und Früchte. Seit dem 16. Jahrhundert gab es im Abendland immer neue Versuche einer systematischen Klassifizierung der Pflanzenwelt auf der Grundlage von Übereinstimmungen und Unterschieden. Hand in Hand mit der Entwicklung der Botanik ging die Anlage von Botanischen Gärten in vielen europäischen Ländern.

Botanische Gärten waren nicht nur Stätten der Forschung und Lehre, sondern spielten auch im Laufe der Jahrhunderte bei der Erkundung und Erfassung der Pflanzenwelt unserer Erde eine große Rolle. Berühmte Botanische Gärten wie der Botanische Garten in St. Petersburg, die Kew Gardens in London und der Jardin des Plantes in Paris schickten Pflanzenforscher in die noch unerschlossenen Regionen der Welt, wo sie – nicht selten unter größten Mühen – neue Pflanzen entdecken, beschreiben und sammeln sollten. Manche von ihnen haben dieses mutige Unterfangen mit ihrem Leben bezahlt.
In Amerika waren oft Missionare geschätzte Pflanzenkundler. Ins Abendland gelangten nun auch viele Pflanzen aus China und Japan, Ländern, die für die Europäer lange Zeit unzugänglich waren. Wichtige Mittler waren dabei der französische Missionar d'Incarville und der deutsch-holländische Arzt und Botaniker von Siebold. Da sie über Fähigkeiten und Wissen verfügten, die im Fernen Osten gefragt waren, konnten sie dank ihrer Beziehungen die Erlaubnis für den Export von Pflanzen erlangen.

Je mehr sich Europa für exotische Pflanzen begeisterte, desto stärker wurde der Wunsch, sie an geeigneten Stätten an Ort und Stelle zu kultivieren. Die Orangerien, in denen man subtropische Pflanzen wie Zitrusgewächse (u.a. Zitronen- und Orangenbäume), Lorbeer, Myrte und Oleander in Töpfen überwinterte, boten tropischen Pflanzen zu wenig Licht. Im 18. Jahrhundert begann man, mit immer mehr Glas zu bauen, und so wurden aus den Orangerien allmählich die hellen Gewächshäuser, wie wir sie heute kennen. Das Palmenhaus im Botanischen Garten von Kew (England) wurde 1848 fertiggestellt. Mit seinen eleganten schmiedeeisernen Bogen, den anmutigen Wendeltreppen, schlanken Stützen und kunstvoll verzierten Balustraden ist es ein Musterbeispiel viktorianischer Glasarchitektur. Das Gebäude war so hoch, daß in ihm Palmen und andere große Tropengewächse gezogen werden konnten. Auch in Kopenhagen und Florenz erhielten die Botanischen Gärten eindrucksvolle Palmenhäuser.
Der Königliche Botanische Garten in Kew wurde als erster mit einem Seerosenhaus ausgestattet, in dem die riesigen Königsseerosen aus dem südamerikanischen Amazonasbecken zu bewundern waren. Diese erstaunliche Wasserpflanze mit ihren bis zu zwei Meter großen rippenverstärkten Blättern, die auf dem Wasser schwimmen, war im Krönungsjahr von Königin Viktoria erstmals beschrieben und nach ihr

»Victoria regia« benannt worden. Solche Becken mit blühenden Königsseerosen (heute »Victoria amazonica« und »Victoria cruziata« genannt) gehören in allen Botanischen Gärten zu den beliebtesten Sehenswürdigkeiten.

Die Begeisterung für tropische Pflanzen führte nicht nur zur Schaffung von Botanischen Gärten. Herrscher, Adlige und Großkaufleute wetteiferten miteinander als Sammler seltener Pflanzen. Der Handel mit exotischen Gewächsen nahm stark zu und gefährdete sogar den Bestand einiger Pflanzenarten in den Herkunftsländern.

In den tropischen Gebieten wurden die ersten Botanischen Gärten im 18. und 19. Jahrhundert eingerichtet. Meist bestand ihre Hauptaufgabe darin, Nutzpflanzen wissenschaftlich zu erforschen und durch Weiterzucht ihre Erträge zu steigern. Manche dieser Gärten, so der Botanische Garten von Bogor auf der Insel Java (Indonesien), wurden nicht nur im Laufe der Zeit zu wichtigen Forschungszentren für tropische Pflanzen, sondern haben auch viel zum Schutz und zur Erhaltung der Pflanzenwelt in den jeweiligen Ländern beigetragen.

In einem Botanischen Garten bleibt die Vergangenheit lebendig: Die ältesten Palmfarne, die größten Palmen, die eindrucksvollsten Bäume sind dort zu sehen, und ihre Geschichte wird dort jahrhundertelang verfolgt und aufgezeichnet. Nach wie vor finden exotische Pflanzen besonderes Interesse. So ist die am Abend aus dem Wasser auftauchende, bis zu 40 Zentimeter große und stark duftende Victoriablüte, die nur einen Tag lang ihre Pracht zeigt, ein wahrer Publikumsmagnet, und zu den Höhepunkten im Alltag eines Botanischen Gartens gehört es, wenn eine Königin der Nacht (Selenicereus grandiflorus) um Mitternacht ihre kurzlebige, betörend duftende Strahlenblüte entfaltet.
Da Forschungen heute weitestgehend in Laboratorien durchgeführt werden, ist die Bedeutung der Botanischen Gärten als Forschungsstätten in den letzten Jahrzehnten stark zurückgegangen. Gleichzeitig wächst aber das Interesse breiter Bevölkerungsschichten an der einheimischen Flora und an Pflanzen aus fernen Ländern, und für diese Menschen sind Botanische Gärten nach wie vor wichtig. Dort werden heute die Pflanzen nicht mehr wie früher systematisch nach ihrer natürlichen Verwandtschaft zusammengestellt, sondern meist nach ihrer geographischen Herkunft. Das bedeutet, daß man in vielen Botanischen Gärten in »pflanzengeographischen Abteilungen« wunderschöne Miniaturlandschaften vorfindet, deren man sich auch ohne wissenschaftliche Belehrung erfreuen kann. In den Gewächshäusern kann man Abteilungen mit tropischem Regenwald, mit einer sandigen Wüstenlandschaft oder mit feuchtem Nebelwald durchwandern. Ein schwedischer Botanischer Garten lädt die Besucher in einer Hochglanzbroschüre ein: »Reisen Sie in einer Stunde um die Welt! Den Anfang machen Sie in Asien.« Natürlich ist eine Stunde sehr wenig, und der Vergleich mit einer Weltreise ist weit hergeholt, aber dennoch kann man sich in einem Botanischen Garten als Forschungsreisender fühlen, gewinnt man doch durch den Anblick und den Duft subtropischer oder tropischer Pflanzen und durch die heiß-trockene oder feuchtschwüle Atmosphäre der Gewächshäuser einen Eindruck von der Pflanzenwelt ferner Länder.

Heute tauschen die Botanischen Gärten weltweit Samen und Pflanzen aus, aber gleichzeitig ist jeder Garten bemüht, sich auf bestimmte Sondergruppen zu spezialisieren, beispielsweise auf Orchideen, fleisch- (insekten-)fressende Pflanzen, Sumpf- und Wasserpflanzen und andere, für die dann besonders umfangreiche Abteilungen geschaffen werden.
In der ganzen Welt sind Botanische Gärten bemüht, von der Ausrottung bedrohte Pflanzenarten zu erhalten, ausgerottete Arten durch Rückkreuzung wiederzugewinnen und neue Pflanzensorten zu züchten. Das Studium und die Rettung bedrohter Pflanzenarten zählen heute zu den wichtigsten Aufgaben der Botanischen Gärten.

BOTANISCHER GARTEN CARLOS THAYS, BUENOS AIRES
Eine tropische Seerose.

STAATLICHER BOTANISCHER GARTEN VON BELGIEN, MEISE

1826 wurde in Brüssel, der Hauptstadt Belgiens, ein Botanischer Garten gegründet. 1870 wurde er vom Staat übernommen und zu einem bedeutenden Forschungszentrum mit eindrucksvollen Gewächshäusern ausgebaut. Als sich eine weitere Vergrößerung als unmöglich erwies, verlegte man ihn kurzerhand auf das Gut Bouchout in Meise bei Brüssel, eine 93 Hektar große, im englischen Landschaftsstil angelegte Länderei mit einem alten Schloß, in dem bis 1927 die Kaiserin Charlotte wohnte, die Witwe Maximilians von Mexiko. Den Mittelpunkt des seit 1967 so benannten Staatlichen Botanischen Gartens von Belgien bildet das Palais des Plantes, mit dessen Bau 1947 begonnen wurde. Das Palais setzt sich aus 13 großen Gewächshäusern zusammen, von denen zwölf als »Schauhäuser« für Besucher zugänglich sind. Sie bilden ein Rechteck, das kleinere Gewächshäuser mit speziellen Sammlungen umschließt; diese können nur mit einer Sondererlaubnis besichtigt werden. In den meisten jedermann zugänglichen Schauhäusern sind die Pflanzen nach ihrer geographischen Herkunft zusammengestellt. So sehen wir in den beiden Afrikahäusern unter anderem den Regenschirmbaum (Musanga cecropioides) aus dem afrikanischen Regenwald, den wunderschönen Baum der Reisenden (Ravenala madagascariensis) aus Madagaskar und den bizarren Schraubenbaum (Pandanus utilis). Das auf unserem Bild sichtbare frühere Seerosenhaus wird nicht mehr als solches genutzt. Tropische Wasserpflanzen wie die Königsseerosen Victoria amazonica und Victoria cruziana wachsen heute in einem Teich im Palais des Plantes.

BOTANISCHER GARTEN DER UNIVERSITÄT GENT

Im Zentrum von Gent wurde 1900 der Botanische Garten der Universität geschaffen. Zu seinen wohl schönsten Abteilungen gehört das Seerosenhaus, dessen 60 Quadratmeter großes rechteckiges Wasserbecken von üppigem tropischem Pflanzenwuchs eingefaßt wird. Mehrere mächtige Aronstabgewächse der Gattung Monstera (Fensterblatt; Monstera deliciosa) ranken bis zur Decke empor. Im Sommer schwimmen die großen runden Blätter der Königsseerosen Victoria amazonica und Victoria cruziana auf dem Wasser des Beckens. ▶

BOTANISCHER GARTEN DER UNIVERSITÄT KOPENHAGEN

Das wunderschöne Palmenhaus des Botanischen Gartens von Kopenhagen ist ein eindrucksvolles Beispiel der aus Eisen und Glas gestalteten Architektur des 19. Jahrhunderts. Es wurde von 1872 bis 1874 errichtet, hat aber in den inzwischen vergangenen mehr als hundertzwanzig Jahren nichts von seiner ursprünglichen Wirkung eingebüßt.

BOTANISCHER GARTEN DER UNIVERSITÄT KOPENHAGEN

Das Palmenhaus mit einer Büste von König Frederik V. neben dem Seerosenteich. Die Regierungszeit dieses Herrschers (1746-1766) waren zwei Jahrzehnte des Friedens, in denen der Handel, die Wissenschaften und die Künste aufblühten.

BOTANISCHER GARTEN DER UNIVERSITÄT KOPENHAGEN

Unter der fünfzehn Meter hohen Kuppel des Palmenhauses spürt man etwas von der Atmosphäre, die in den feuchtheißen Regionen der Tropen herrscht. Im Mittelpunkt des Palmenhauses ragt eine mächtige alte Fächerpalme (Livistona rotundifolia) empor. Sie wurde vor langer Zeit aus einem Samenkorn gezogen, das der berühmte Botanische Garten Buitenzorg (später Kebun Raya) in Bogor auf der Insel Java übersandt hatte.

Zu den »Kapländischen Pflanzen«, die in den Gewächshäusern überwintern, gehören einige über hundert Jahre alte Exemplare, so ein Mastixstrauch (Pistacia lentiscus) und eine Terebinthe (Pistacia terebinthus). Wie in vielen anderen Botanischen Gärten finden die Abteilungen mit tropischen Nutzpflanzen – Kaffee, Tee, Bananen und viele Zitrusfrüchte (Lemonen, Zitronen, Orangen, Grapefruit usw.) – das ganze Jahr über viel Interesse. Spezialisiert ist der Botanische Garten von Kopenhagen auf die alpine und arktische Flora, die nicht leicht zu kultivieren ist, da sie Kälte braucht und an ihren Standort besondere Ansprüche stellt.

BOTANISCHER GARTEN DER UNIVERSITÄT KOPENHAGEN
Eine Blüte der Seerosenhybride Nymphaea 'Director G.T. Moore'.

BOTANISCHER GARTEN DER UNIVERSITÄT KOPENHAGEN

Die Königsseerose mit ihren riesigen, auf dem Wasser schwimmenden Blättern und ihren wunderschönen Blüten wurde im frühen 19. Jahrhundert im Amazonasbecken entdeckt. Unter »entdeckt« verstehen wir »erstmals von einem Europäer gesehen«, denn die am Amazonas lebenden Indianer kannten die Pflanze schon seit undenklichen Zeiten und verzehrten ihre gerösteten Samenkörner. Als 1837 die englische Königin Viktoria gekrönt wurde, gab man der »Königin des Amazonas« den Namen Victoria. Lange Zeit »Victoria regia« benannt, heißt sie heute offiziell »Victoria amazonica«. Nach langen vergeblichen Bemühungen gelang es 1849 den Fachleuten des berühmten Botanischen Gartens von Kew (London), einen Sämling der Königsseerose zum Blühen zu bringen. Von da an war jeder Botanische Garten, der etwas auf sich hielt, eifrig bemüht, seinen Besuchern eine blühende Königsseerose zu bieten. Zunächst gelang dies 1851 in Herrenhausen bei Hannover, dann 1859 dem Amsterdamer Botanischen Garten De Plantage. Vielerorts errichtete man eigene Seerosenhäuser, die oft ebenso elegant waren wie die Blüten dieser Pflanzen. In Zeitungen und auf Handzetteln wurde angekündigt, wann die sich am Abend für nur eine Nacht öffnende Seerosenblüte ihren betörenden Duft verströmen würde; an solchen Abenden durften Besucher das Naturwunder bestaunen. Aber auch zu anderen Zeiten war die Pflanze besonders für Kinder interessant, durften sie sich doch oft auf die bis zu zwei Meter großen schwimmenden Blätter setzen. Neben Victoria amazonica ist im Seerosenteich des Botanischen Gartens von Kopenhagen auch die nahe verwandte Victoria cruziana anzutreffen, deren Blätter etwas kleiner und von höheren Rändern eingefaßt sind.

BOTANISCHER GARTEN UND BOTANISCHES MUSEUM BERLIN-DAHLEM

Der Botanische Garten in Berlin-Dahlem gehört zu den interessantesten Europas. Er wurde 1897 geschaffen, geht jedoch auf einen schon 1646 gegründeten Vorläufer zurück. Berühmt ist er seit dem 19. Jahrhundert durch seine von Karl Ludwig Willdenow eingerichtete pflanzengeographische Abteilung. Im Zweiten Weltkrieg fast völlig zerstört, wurde der Botanische Garten nach Kriegsende bald wieder aufgebaut, wobei wiederum pflanzengeographische Gesichtspunkte im Vordergrund standen. So findet man heute dort Abteilungen wie »Balkanhalbinsel«, »Japan«, »Himalaja«, »Nördliche Kalkalpen« und viele mehr, in denen man die Flora unterschiedlichster Landschaftstypen bestaunen kann. Zum Botanischen Garten gehören ein Pflanzenkundliches Museum und 75 Gewächshäuser, darunter ein Sukkulentenhaus mit einer riesigen Kakteensammlung.

GRUGAPARK UND BOTANISCHER GARTEN ESSEN Eine Ansicht des von Koniferen eingefaßten Steingartens. Der Botanische Garten von Essen ist ein Teil des berühmten Grugaparks, eines siebzig Hektar großen Freizeitgeländes. Die Orangerie besteht aus drei Pavillons, die nicht nur der subtropischen Flora, sondern auch der Kunst und Kultur gewidmet sind. Zu den Attraktionen des Parks gehören die Grugahalle, Cafés, Restaurants, ein Vogelhaus mit exotischen Vögeln, Kinderspielplätze und eine fünfzig Meter lange Mauer, auf der die geologische Entwicklung der Erde dargestellt ist. Im Steingarten werden Primeln, Steinbrech, Enzian und Edelweiß kultiviert, und von einem hohen Felsen rauscht ein Wasserfall herab. Der Komplex der Gewächshäuser setzt sich aus größeren und kleineren Glaspyramiden zusammen. In den großen finden sich Pflanzen aus dem tropischen Regenwald, Monstera, Helikonien, Philodendren, Anthurien und Drazänen. Ein Gewächshaus ist dem subtropischen Nebelwald gewidmet und zeigt Baumfarne, Bromelien und zahlreiche andere Farne.

PALMENGARTEN FRANKFURT
Dem deutschen Architekten Hermann Blomeier gelang es, mit dem »Tropicarium« im Frankfurter Palmengarten an die Tradition großer Architekten des 19. Jahrhunderts anzuknüpfen, wenngleich sein 1987 fertiggestelltes Bauwerk ganz anders ist als die Gewächshäuser der viktorianischen Zeit, wie wir sie beispielsweise in Kew und Kopenhagen antreffen. Der Stern ist im großen wie im kleinen das Grundmodul von Blomeiers Gewächshauskomplex. Angeregt zu dieser Form wurde er durch den Anblick des Querschnitts eines Säulenkaktus. Das Computersystem, das die klimatischen Gegebenheiten in den verschiedenen Abteilungen des Komplexes reguliert, ist mit dem Frankfurter Wetteramt vernetzt, so daß Temperatur und Luftfeuchtigkeit jederzeit entsprechend den Wetterbedingungen im Frankfurter Raum eingestellt werden.

◀ GRUGAPARK UND BOTANISCHER GARTEN ESSEN
In einem der Gewächshäuser.

PALMENGARTEN FRANKFURT
Der Frankfurter Palmengarten ist hervorragend ausgestattet. Die tropische und die subtropische Flora sind mit zahlreichen Pflanzen aus aller Welt vertreten. Die Kakteensammlung umfaßt mehr als 1500 verschiedene Arten, Wüstenpflanzen ebenso wie Epiphyten aus den Regenwäldern, Binsenkakteen und Blattkakteen. Der zwanzig Hektar große Palmengarten ist nicht nur ein Botanischer Garten, sondern auch ein Freizeitparadies, in dem die Besucher besonders in den Sommermonaten Ausstellungen besichtigen und Musikdarbietungen hören können.

BOTANISCHER GARTEN DER JUSTUS-LIEBIG-UNIVERSITÄT, GIESSEN

Ein sommerliches Blütenbeet im Botanischen Garten von Gießen. Der zur Justus-Liebig-Universität gehörende Botanische Garten wurde im frühen 17. Jahrhundert gegründet. Auf einer Fläche von nur vier Hektar stehen fünfzehn Gewächshäuser, in denen unter anderem viele Epiphyten zu bewundern sind, Pflanzen, die auf den Stämmen und Ästen von Bäumen gedeihen, aber ihre Wirtspflanzen nicht schädigen. Das Freigelände zwischen den Gewächshäusern ist mit einjährigen und ausdauernden Gewächsen, aber auch mit alpinen und Steppenpflanzen bestanden. Ein Teil der Anlage ist den Arznei- und Giftpflanzen vorbehalten.

BOTANISCHER GARTEN DER UNIVERSITÄT HAMBURG
Ein Gewächshaus mit Sukkulenten im Alten Garten.

BOTANISCHER GARTEN DER UNIVERSITÄT HAMBURG
Eine von anderen einjährigen Gewächsen eingefaßte Spinnenpflanze (Cleome hasleriana) in der Sommerbepflanzung des Alten Botanischen Gartens von Hamburg. Die Pflanze verdankt ihren Namen den langen Staubgefäßen, die weit aus den Blütenkelchen herausragen.

KÖNIGLICHE GÄRTEN HERRENHAUSEN, HANNOVER

Der Botanische Garten von Hannover ist ein Teil der Königlichen Gärten von Herrenhausen, wo früher die Hannoveraner Herrscher residierten. Der Große Garten ist ein prächtiger Barockgarten, der im 17. Jahrhundert angelegt wurde. Der angrenzende Berggarten war früher ein Obstgarten, der im Laufe der Zeit durch die Pflanzung seltener und kostbarer exotischer Gewächse zu einem ungewöhnlichen Botanischen Garten wurde. Im 18. und 19. Jahrhundert wurden 34 Orangerien und Gewächshäuser errichtet, in denen eine der größten Orchideensammlungen jener Zeit zu bewundern war. Die erste Victoria amazonica öffnete am 15. Juni 1851 ihre Blüte. Fast dreißig Jahre später wurde ein Palmenhaus erbaut, das mit 31 Meter Höhe das größte seiner Zeit war. Nachdem im Zweiten Weltkrieg der ganze Berggarten zerstört worden war, errichtete man moderne Gewächshäuser, für die man neue Pflanzen erwarb. Linden säumen die fast zwei Kilometer lange Herrenhäuser Allee, die Hannover mit dem Gartenkomplex verbindet.

Fam. Orchideen
Cattleya-Hybride
(Summer Stars)
'Pureté'

BOTANISCHER GARTEN DER FRIEDRICH-SCHILLER-UNIVERSITÄT, JENA

Die Geschichte dieses Botanischen Gartens geht auf das Jahr 1586 zurück: Damals wurde für die Studenten der medizinischen Fakultät der Universität ein »hortus medicus« (Heilkräutergarten) angelegt. Goethe, der nicht nur Dichter, sondern auch Naturwissenschaftler war, ist es unter anderen zu verdanken, daß 1794 an der heutigen Stelle ein Botanischer Garten geschaffen wurde, der sich bald bei der adligen Gesellschaft großer Beliebtheit erfreute. Ein kleines Goethe-Museum im früheren »Inspectorenhaus« erinnert daran, daß der Dichterfürst zuweilen hier seinen botanischen Forschungen nachging.

Zu dem fast fünf Hektar großen Botanischen Garten gehört unter anderem ein Steingarten, der mit Gebirgs- und Hochgebirgsgewächsen aus aller Welt bepflanzt ist und dessen Steine und Bodenmischungen den Bedürfnissen der jeweiligen Pflanzen gerecht werden. Wasserpflanzen gedeihen in einem Becken im Freien und in einem Gewächshausteich. Das große Seerosenhaus wurde 1968 erbaut. Zu den tropischen Wasserpflanzen gehören auch bestimmte Palmenarten und Papyrusstauden. Auf dem Wasser schwimmen die von hohen Rändern gesäumten großen Blätter von Königsseerosen (Victoria amazonica und Victoria cruziana), und überall sind Ägyptische und Indische Lotusblumen (Nymphaea courulea und Nelumbo nucifera) zu sehen. Der Indische Lotus ist den Hindus und den Buddhisten heilig. ▶

BOTANISCHER GARTEN DER FRIEDRICH-SCHILLER-UNIVERSITÄT, JENA

Victoria
cruciana

BOTANISCHER GARTEN WUPPERTAL
Die Orangerien Botanischer Gärten, die weit weniger Licht einlassen als die gläsernen Gewächshäuser, eignen sich vorzüglich zum Überwintern von Sukkulenten, die im Winter trocken und kühl, aber frostfrei gehalten sein wollen. Da sie ihr Wachstum in diesen Monaten praktisch einstellen, brauchen sie nicht viel Licht und kaum Wasser. Sobald keine Fröste mehr drohen, kommen die Orangerie- oder Kübelpflanzen, manchmal auch Kappflanzen genannt, wieder ins Freie. Zu den trocken zu überwinterndern Kübelpflanzen gehören vor allem Agaven, Drazänen, Mauritiushanf und Palmlilien. Manche Agavengewächse sind so stark bedornt, daß es schwierig ist, sie von einem Ort zum anderen zu bringen. Unser Bild zeigt unter anderem eine Palmlilie vor der Orangerie des Botanischen Gartens von Wuppertal.

BOTANISCHER GARTEN FRANKFURT
Yucca filamentosa ist eine der wenigen Palmlilien, die in unseren Breiten im Freien gedeihen. Dank der eleganten hohen Blütenstände und der schwertförmigen Blätter sind Palmlilien für jeden Botanischen Garten mit Publikumsverkehr eine interessante Anschaffung. Insgesamt gibt es etwa dreißig Palmlilienarten, die größtenteils in den US-Südstaaten und in Mittelamerika heimisch sind. In Mittel- und Nordeuropa werden sie in Orangerien und Gewächshäusern gehalten, während sie in Südeuropa in Gärten, Parkanlagen und im Freiland der Botanischen Gärten anzutreffen sind.

ZOOLOGISCH-BOTANISCHER GARTEN WILHELMA, STUTTGART

Das Freigelände der Stuttgarter Wilhelma ist prächtig bepflanzt, vor allem in den Sommermonaten, und in den Gewächshäusern hat man mit tropischen und subtropischen Pflanzen regelrechte Miniaturlandschaften geschaffen. Im Frühjahr erfreut die Blütenpracht von Kamelien und Magnolien die Besucher im Freien, und in den Gewächshäuser bilden die Azaleen ein Blütenmeer. Besondere Beachtung verdient im Hochsommer der Seerosenteich, dessen Wassertemperatur durch einen ausgeklügelten Mechanismus konstant gehalten wird. In der Wilhelma leben Krokodile, Schlangen, Kolibris, Pelikane, Strauße, Schildkröten und viele andere Tiere im üppigen Grün und der Farbenpracht von Orchideen, Ananasgewächsen, Bananengewächsen und Palmen, in einer tropischen Welt also, in der sie sich zuhause fühlen. Die Wilhelma wurde 1853 gegründet und umfaßt heute eine Fläche von 24 Hektar.

BOTANISCHER GARTEN
(PARC DE LA TETE D'OR) LYON
Im Botanischen Garten von Lyon sind die meisten Pflanzen entsprechend ihrer geographischen Herkunft zusammengestellt. Im Steingarten (Alpinum) finden sich Gebirgs- und Hochgebirgspflanzen aus aller Welt auf Bodenmischungen und zwischen Steinen, die denen ihrer Ursprungsgebiete weitgehend entsprechen. Das hier gezeigte Efeublättrige Alpenveilchen (Cyclamen hederifolium) gedeiht zusammen mit anderen Kalkpflanzen auf kalkhaltigen Böden.

BOTANISCHER GARTEN
(PARC DE LA TETE D'OR) LYON
Dank seiner artenreichen Pflanzenwelt genießt der Botanische Garten von Lyon (Parc de la Tête d'Or) internationale Bekanntheit. Zu den vielen bemerkenswerten Tropenpflanzen gehört die aus Brasilien stammende Schwanenhalsorchidee (Aristolochia litorialis), deren eigenartig geformte Blüten fast das ganze Jahr über aus den Blattachseln herausschauen. Erstmals nach Frankreich eingeführt wurde die Pflanze 1883.

BOTANISCHER GARTEN (PARC DE LA TETE D'OR) LYON
Der große Parc de la Tête d'Or wurde 1856 als Freizeitpark für die Einwohner von Lyon eröffnet. Er umfaßt eine Fläche von 111 Hektar und hat unter anderem einen großen See aufzuweisen, der von der nahen Rhône gespeist wird. In den schönsten Teilen des Parks hat man hochgelegene Aussichtspunkte geschaffen, die wundervolle Überblicke gewähren. Der eigentliche Botanische Garten ist erst allmählich eingerichtet worden. Von 1877 bis 1880 erbaute man eine Reihe von Gewächshäusern, darunter ein Palmenhaus, in dem Pflanzen aus fünf Klimazonen zu sehen sind.

BOTANISCHER GARTEN LES CEDRES, SAINT-JEAN-CAP-FERRAT

Saint-Jean-Cap-Ferrat liegt an der südfranzösischen Küste, wo das milde Mittelmeerklima eine Fülle von subtropischen Pflanzen gedeihen läßt. Von den knapp 14 Hektar des Botanischen Gartens Les Cèdres sind drei Hektar mit Beispielen der heimischen Flora bestanden. Gewächshäuser bedecken ein Hektar Fläche und sind den Pflanzen vorbehalten, die an Temperatur und Luftfeuchtigkeit besondere Ansprüche stellen. Im Sukkulentenhaus gedeihen Pflanzen, die es gern trocken haben und aus niederschlagsarmen, sonnigen und oft von heißen Winden heimgesuchten Regionen stammen. Dazu gehören Wolfsmilchgewächse, Aloen, Agavengewächse, Mittagsblumengewächse, Mauerpfeffer sowie Säulen-, Blatt- und Kugelkakteen. Die Sukkulentensammlung von Les Cèdres ist eine der umfangreichsten weltweit.

EXOTISCHER GARTEN VAL RAHMEN, MENTON
Die Villa »Val Rahmen« liegt im südfranzösischen Menton unweit der Grenze zu Italien. Das im südfranzösischen Stil erbaute Gebäude diente früher als Winterresidenz. Seit 1950 hat eine Engländerin auf dem Terrassengarten rings um die Villa eine sehr exotische botanische Sammlung zusammengetragen, in der zahlreiche farbenfrohe subtropische Gewächse aus allen Teilen der Welt zu sehen sind. Die Villa liegt so geschützt, daß sich im Laufe der Jahre auch einige ausgesprochen tropische Pflanzen akklimatisiert haben. Besonders prächtig gedeihen die aus Südafrika stammenden Papageienblumen (Paradiesvogelblumen; Strelitzia reginae), deren orangefarbene oder blaue Blüten sich wie der Schopf eines Kakadus über den großen kahnförmigen Hochblättern zeigen.

JARDIN DES PLANTES, PARIS

Wie viele jahrhundertealte Botanische Gärten ist der Pariser Jardin des Plantes aus einem Arzneikräutergarten des Mittelalters entstanden. Den strengen Formalismus früherer Zeiten sieht man auch noch heute jenem Teil des Gartens an, in dem kerzengerade Wege in der Manier des 17. Jahrhunderts beidseits von genau umgrenzten Blumenrabatten begleitet werden. Natürlicher wirkt der andere Teil des Gartens, in dem gewundene Wege zwischen malerischen Baumgruppen verlaufen. Hier steht Jussieus berühmte Libanonzeder. Bernard Jussieu, der damalige Direktor des Botanischen Gartens, konnte die Zeder und andere fernöstliche Pflanzen dank der Vermittlung des Missionars Pierre d'Incarville 1735 aus dem damals für Europäer unzugänglichen China herbeischaffen lassen. Spezialsammlungen des Jardin des Plantes umfassen Hochgebirgspflanzen, Sukkulenten, Fuchsien und Pelargonien. Der Jardin des Plantes ist nicht nur ein Botanischer Garten und ein Forschungszentrum, sondern (zumindest für manche Pariser) auch als Zoologischer Garten von Bedeutung.

JARDIN DES PLANTES, PARIS

BOTANISCHER GARTEN DER VILLA TARANTO, PALLANZA

Die Villa Taranto in Pallanza liegt in der wunderschönen norditalienischen Landschaft am Lago Maggiore, durch den die Grenze mit der Schweiz verläuft. 1930 erwarb ein Engländer die Villa und das dazugehörige große Grundstück und legte mit Hilfe eines Fachmanns aus den englischen Kew Gardens einen prächtigen Botanischen Garten an, der im Stil eines Englischen Gartens gehalten ist. Im Frühling bilden blühende Magnolien und japanische Zierkirschen den Blickfang. Ungewöhnlich für Italien sind die prächtigen Rabatte mit ausdauernden Pflanzen. Zwischen den Rabatten rauscht auf einem gepflegten Rasen der Cherubimbrunnen (siehe unteres Bild), der von Beeten mit Aronstabgewächsen eingefaßt ist. Neben der Enziansammlung, dem Sumpfgarten, dem Rosengarten, dem Heidegarten und dem Blauen Garten, in dem eine Vielzahl blau blühender Pflanzen zusammengestellt ist, gehört der Seerosenteich zu den Sehenswürdigkeiten der Anlage. Das Bild rechts zeigt einen Teil des im italienischen Stil angelegten Terrassengartens, dessen Mittelachse durch Wasserbecken auf unterschiedlichen Ebenen gebildet wird. Im Vordergrund sehen wir über dem kleinen Wasserfall »il pescatore«, den Fischerjungen, eine Bronze des italienischen Bildhauers Gemito (1852-1929).

HANBURYS BOTANISCHER GARTEN, LA MORTOLA
Rings um den »Tempel der vier Jahreszeiten«, den klassizistischen Kuppelbau im Botanischen Garten von La Mortola, stehen Trockenpflanzen (Sukkulenten). Über den silbergrünen Blättern von Agaven ragen die Stämme einer Nolina beldingii auf, deren Schöpfe aus schmalen schwertförmigen Blättern gebildet werden.

HANBURYS BOTANISCHER GARTEN, LA MORTOLA

Die eigenartig geformten violetten Blüten des Osterluzeigewächses Aristolochia hirta, das in der Gegend von La Mortola heimisch ist. ▶

HANBURYS BOTANISCHER GARTEN, LA MORTOLA

1867 entdeckte der Engländer Sir Thomas Hanbury an der italienischen Riviera den idealen Platz für die Errichtung eines Botanischen Gartens für exotische Pflanzen bei La Mortola, einer Stadt in der Ventimiglia unweit der italienisch-französischen Grenze. Hanburys Botanischer Garten wurde weltweit berühmt und zählt heute zu den bedeutendsten Botanischen Gärten im ganzen Mittelmeerraum.

GLASNEVIN NATIONAL BOTANICAL GARDENS, DUBLIN

Der Botanische Garten von Dublin wurde 1795 von der Dublin Society gegründet. Ausgebaut und zu Geltung gebracht wurde er im 19. Jahrhundert von David Moore und dessen Sohn Sir Frederick Moore. Obgleich das Gelände nicht für Pflanzen geeignet ist, die saure Böden lieben, etwa für Rhododendren und Heidekraut, gelang ihnen die Schaffung einer Anlage, die den Ansprüchen von Gewächsen aus vielen Ursprungsgebieten gerecht wird.

Die Botanischen Gärten in Großbritannien kultivierten früher Nutzpflanzen wie Gemüse und Kräuter sowie bestimmte Zierpflanzen, und darüber informieren auch noch heute eigene Abteilungen. Wichtig sind die Gärten auch als Lehrstätten für zukünftige Gärtner, Garten- und Landschaftsarchitekten.

GLASNEVIN NATIONAL BOTANICAL GARDENS, DUBLIN
Zur alten gartenarchitektonischen Tradition gehören solche aus Sukkulenten und einjährigen Pflanzen angelegte »Mosaike«.

Im 19. Jahrhundert, in dem verglaste Eisenkonstruktionen sehr beliebt waren, schuf Richard Turner mehrere Gewächshäuser für den Botanischen Garten von Dublin, die für Farne, Sukkulenten und tropische Wasserpflanzen (Bild rechts) bestimmt waren. ▶

◀ Die sorgfältig aus ausdauernden Gewächsen zusammengestellten Rabatte locken alljährlich in der Blütezeit viele Besucher an.

KEBUN RAYA, BOGOR

Kebun Raya (früher Buitenzorg) in Bogor auf der indonesischen Insel Java ist sicherlich einer der bezauberndsten und eindrucksvollen Botanischen Gärten der Welt. Mit einer Gesamtfläche von 87 Hektar liegt Kebun Raya an den Hängen des in 260 Meter Höhe gipfelnden Salak-Berges. Hier ließ wegen des angenehmen Klimas der holländische Generalgouverneur van Imhoff 1744 seine Residenz Buitenzorg errichten. Als nach kurzer englischer Zwischenherrschaft die Holländer Java 1817 zurückgewannen, wurde der Botanische Garten eingerichtet. Hortus Bogoriense, wie der Staatliche Botanische Garten Buitenzorg auch hieß, entwickelte sich zu einem Forschungszentrum von Weltgeltung. Viele einheimische Nutzpflanzen wurden hier untersucht und danach auch in andere Kolonien gebracht, wo sie zum wirtschaftlichen Aufschwung beitrugen. Heute gehört Kebun Raya dem indonesischen Staat und ist in erster Linie ein Freizeitpark. Kebun Raya heißt übrigens nichts anderes als »großer Garten«. Durchzogen ist das Gelände von Alleen, auf deren Bäume Schlingpflanzen sowie epiphytische Orchideen, Farne und andere »Baumwucherer« gedeihen. Unbedingt sehenswert ist die Sammlung einheimischer Orchideen, doch gibt es so vielerlei Bäume, Sträucher, Kräuter und Gräser zu sehen, daß ein einziger Besuch bei weitem nicht ausreicht. Wenn man Glück hat, sieht man auch eine blühende Riesenblume (Rafflesia), deren Blüte einen Durchmesser von ein Meter haben kann.

BOTANISCHER GARTEN TOKIO ▶

STÄDTISCHER BOTANISCHER GARTEN JINDAI, TOKIO

Ein kennzeichnendes Element japanischen Gartenbaus sind die zu kunstvollen Figuren beschnittenen Bäume und Sträucher, wie sie im Jindai-Garten in Tokio zu sehen sind, in dem ein Teil des 43 Hektar großen Geländes der typisch japanischen Gartenbaukunst gewidmet ist. Neben den mit Kamelien, Iris, Prunus und Rhododendren bepflanzten Flächen ist die Zusammenstellung einheimischer Waldbäume von besonderem Interesse. Für tropische Pflanzen stehen im Botanischen Garten von Tokio acht Gewächshäuser zur Verfügung.

JARDIN EXOTIQUE DU MONACO
Einzigartig in Europa ist die Pflanzenwelt im Exotischen Garten von Monaco, im »größten Steingarten der Welt«. An den steilen Hängen der durch Wege miteinander verbundenen Felsformationen wachsen riesige Kakteen und andere Sukkulenten. Anderswo in Europa müssen diese in Gewächshäusern gezogen werden und kommen höchstens an warmen Sommertagen als Kübelpflanzen nach außen. Da diese faszinierenden Gewächse im Jardin Exotique ganzjährig im Freien sind, werden sie hier ebenso groß wie in ihren Herkunftsländern. Das gilt nicht zuletzt auch für die eindrucksvollen amerikanischen Säulenkakteen. Hitzeliebende Trockenpflanzen, zu denen auch die Kakteen gehören, bezeichnet man als Sukkulenten. Sie haben sich dem Wüstenklima ausgezeichnet angepaßt. In den kurzen Regenzeiten speichern sie in Wurzeln, Stämmen, Ästen und Blättern Feuchtigkeit, um die Trockenzeiten überstehen zu können. Sukkulenten sind weltweit verbreitet. Außer zahlreichen amerikanischen Kakteenarten gibt es in Monaco sukkulente Wolfsmilch-, Lilien- und Agavengewächse, aber auch kleine und seltene Xerophyten (Trockenpflanzen). Seit seiner Gründung im Jahr 1933 ist der Jardin Exotique zu einem wahren Paradies für diese Pflanzen geworden, nicht nur wegen der günstigen klimatischen Gegebenheiten, sondern auch, weil man sich mit viel Einfallsreichtum und den nötigen Hilfsmitteln auf die jeweiligen Bedürfnisse der Sukkulenten eingestellt hat.

BOTANISCHER GARTEN DE PLANTAGE, AMSTERDAM

1682 wies der Stadtrat von Amsterdam dem Botanischen Garten ein vertorftes Gelände namens de Plantage zu, das damals außerhalb der Stadtmauer lag. In der Stadt selbst gab es schon seit 1638 einen Arzneikräutergarten. Zur Blüte kam der Botanische Garten von Amsterdam bereits im 17. Jahrhundert, das für Handel und Gewerbe in den Niederlanden ein »goldenes« Jahrhundert war.

Die Schiffe der Handelsgesellschaften brachten aus allen Teilen der Welt Gewürze, Samen und exotische Gewächse ins Land. Außer vielen nützlichen Produkten wie Pfeffer, Kampfer und Kaffee wurden auch seltene Pflanzen eingeführt. Damals erhielt der Botanische Garten seine ersten Palmfarne. Später kamen noch sehr viel mehr exotische Sehenswürdigkeiten dazu, und im Alten Gewächshaus sind viele der Pflanzen zu bewundern, die in früheren Jahrhunderten nach Amsterdam gebracht wurden.

BOTANISCHER GARTEN DE PLANTAGE, AMSTERDAM

Viel Platz im Amsterdamer Botanischen Garten nimmt das 1993 errichtete »Gewächshaus der drei Klimazonen« ein, in dem die vielerlei Pflanzen zur Schau gestellt werden, die im tropischen, im subtropischen und im Wüstenklima beheimatet sind. Die »Kapländischen Pflanzen« in der subtropischen Abteilung des Gewächshauses sind für die Botanischen Gärten von historischem Interesse, erinnern sie doch an die Gewächse am Kap der Guten Hoffnung an der Südspitze Afrikas, wo die holländischen Segelschiffe Zwischenstation machten, die nach oder von Indien und Ostasien unterwegs waren und auf der Heimreise auch Pflanzen vom Kap mit nach Hause nahmen. In der tropischen Abteilung sind das ganze Jahr über Temperatur und Luftfeuchtigkeit hoch. Man hat die Pflanzen auf verschiedene Ebenen verteilt, um einen Eindruck von der Schichtung im tropischen Regenwald zu vermitteln. Zwei mit Königsseerosen (Victoria amazonica) bepflanzte Becken zählen traditionell zu den Hauptsehenswürdigkeiten des Botanischen Gartens.
In der dritten Abteilung des Gewächshauses hat man eine trockenheiße Wüstenlandschaft eingerichtet, in der sich Kakteen und andere Sukkulenten zuhause fühlen.

BOTANISCHER GARTEN DER FREIEN UNIVERSITÄT AMSTERDAM

Jahreszeitengarten mit von Buchs eingefaßten Pantoffelblumen und aus dem 19. Jahrhundert stammenden Terrakottafiguren der vier Jahreszeiten.

Im Gegensatz zu De Plantage kann sich der Botanische Garten der Freien Universität Amsterdam keiner eindrucksvollen Vergangenheit rühmen. Er wurde erst 1967 für die Biologische Fakultät der Freien Universität gegründet, doch ist der Pflanzenbestand in dieser verhältnismäßig kurzen Zeit beachtlich angewachsen. Die Fakultät hat schon viele bedeutsame Zuchtergebnisse hervorgebracht, die dem Gartenbau in den ganzen Niederlanden zugute kommen.

BOTANISCHER GARTEN DER FREIEN UNIVERSITÄT AMSTERDAM

Da man im Botanischen Garten der Freien Universität großen Wert auf die harmonische Zusammenstellung von Formen und Farben legt, bieten seine Pflanzungen allen Gartenarchitekten und Hobbygärtnern wertvolle Anregungen. Schon direkt hinter dem Eingang ist der zu den Treibhäusern führende Weg von wunderschönen Anlagen gesäumt. In anderen Teilen des Gartens verlaufen kurvenreiche Pfade zwischen Sträuchern, Farnen, Schachtelhalmen und Blütenpflanzen, die ein harmonisches und stets sehr vielfältiges Ganzes bilden. Darüber breiten ungewöhnlich niedrige Bäume ihre Kronen aus. Belebt wird das Bild im Frühling und Sommer durch das bunte Blütenmeer der einjährigen Pflanzen. Jeder Quadratmeter des verhältnismäßig kleinen Botanischen Gartens wurde wohlüberlegt genutzt, um möglichst viele Pflanzenarten zeigen zu können.

BOTANISCHER GARTEN DER FREIEN UNIVERSITÄT AMSTERDAM
Wenn die Gefahr von Nachtfrösten vorbei ist, werden die kälteempfindlichen Kübelpflanzen wie Agaven und Sanseverien ins Freie gestellt.

BOTANISCHER GARTEN DER FREIEN UNIVERSITÄT AMSTERDAM
Auf dem nährstoffarmen Boden des Botanischen Gartens der Freien Universität Amsterdam gedeihen Pflanzen wie Gemeiner Natternkopf (Echium vulgare), Schwarze Königskerze (Verbascum nigrum), Breitblättrige Glockenblume (Campanula latifolia) und Jakobskreuzkraut (Senecio jacobea).

BOTANISCHER GARTEN DER FREIEN UNIVERSITÄT AMSTERDAM
Die Kakteensammlung im Sukkulentenhaus. Neben Kakteen besitzt der Botanische Garten der Freien Universität Amsterdam zahlreiche andere Sukkulenten, so viele schöne rosettenblättrige Sempervivum-Arten. Im kleinen Orchideenhaus ist es feuchtwarm, während im Sukkulentenhaus eine trockene und im Winter kühle Atmosphäre herrscht. Unter den Orchideen ist eine eindrucksvolle Sammlung von Masdevillien aus den mittel- und südamerikanischen Feuchtwäldern zu nennen. Am interessantesten unter den Schauhäusern ist das größte, in dem man ein dschungelartiges Stück tropischen Regenwald mitsamt Epiphyten und Baumschmarotzern sowie Schling- und Kletterpflanzen geschaffen hat.

BOTANISCHER GARTEN LEIDEN
Der neu geschaffene Clusius-Garten ist ein Stück Geschichte im Botanischen Garten von Leiden, einem der ältesten der Welt. Vor über vierhundert Jahren legten Cluyt, ein Apotheker aus Delft, und Carolus Clusius, ein berühmter Botaniker, der viel für die Verbreitung der Tulpe in Europa getan hat, für die 1575 gegründete Universität von Leiden einen Kräutergarten an. Da Clusius fast weltweite Beziehungen hatte, war dieser Kräutergarten bestens bestückt, nicht nur mit den üblichen Arzneipflanzen, sondern auch mit damals neu entdeckten exotischen Gewächsen. Dazu gehörten Nahrungspflanzen wie Melonen, Tomaten und Kartoffeln, aber auch »Gartenblumen« wie Ringelblumen und Kapuzinerkresse. Da die Bestandsliste aus dem 16. Jahrhundert erhalten blieb, konnte man den Clusius-Garten in seiner ursprünglichen Form rekonstruieren.

BOTANISCHER GARTEN LEIDEN
Die gegenüberliegende Seite des üppig begrünten Seerosenhauses mit den herabhängenden Zweigen einer mächtigen Trauerweide im Hintergrund. Diese Weide steht seit 1840 im Botanischen Garten von Leiden. Der Botanische Garten von Leiden verdient einen Besuch nicht nur wegen seiner reichhaltigen und vielfältigen Pflanzenwelt, der er schon früh seinen weltweiten Ruf verdankte, sondern auch wegen der friedlichen Ruhe, die dort herrscht, und wegen seiner vielen malerischen Aspekte.

BAUMGARTENSTIFTUNG TROMPENBURG, ROTTERDAM
Ein Baumgarten wie dieser wird als Arboretum bezeichnet (von lateinisch arbor = Baum). Das Trompenburg-Arboretum wurde von einem Privatmann angelegt und hat aus seinem Gründungsjahr 1870 noch seinen Charakter als Englischer Garten bewahrt. In erster Linie sollte die Formenvielfalt von Bäumen wie Eichen, Buchen und Ahorn und von Sträuchern wie Rhododendren zur Geltung gebracht werden, und so ist das Arboretum eher eine geruhsame Freizeitanlage als eine richtige »Baumschau«. Außer den rund 3000 Arten von Bäumen und Sträuchern zeigt das Arboretum auch zahlreiche ausdauernde Kräuter und Sukkulenten, so etwa Funkien, Bambus-Arten (Bild oben: Arundinaria viriditriata), Schwertlilien, Wolfsmilchgewächse, Kakteen und kleine Sukkulenten (Bild rechts: Echter Hauswurz; Sempervivum tectorum).

BAUMGARTENSTIFTUNG TROMPENBURG, ROTTERDAM ▶

BOTANISCHER GARTEN SALZBURG

BOTANISCHER GARTEN SALZBURG

ESTUFA FRIA, LISSABON
Estufa fria (Kalthaus) heißen die am Küstenhang in der portugiesischen Hauptstadt Lissabon errichteten Gewächshäuser, in denen die Lichtverhältnisse durch Jalousien regelbar sind. Da man das natürliche Gefälle beibehalten hat, bilden tropische und subtropische Pflanzen eine eindrucksvolle Einheit.

BOTANISCHER GARTEN DER UNIVERSITÄT COIMBRA

BOTANISCHER GARTEN DER UNIVERSITÄT COIMBRA
Zur besonderen, fast geheimnisvollen Atmosphäre im Gewächshaus (Tropicarium) des Botanischen Gartens der Universität Coimbra (Portugal) tragen die silbergrünen Wedel von Farnen, die schmalen Blätter von Palmfarnen und Farnen sowie die sattgrünen gelappten oder glatten Blätter verschiedener Feigenbaumarten ebenso bei wie die exotischen Blüten der Tropenpflanzen.

BOTANISCHER GARTEN SINGAPUR

BOTANISCHER GARTEN SINGAPUR
Singapur liegt unweit des Äquators und hat ein entsprechend feuchtheißes Klima, das ein üppiges Pflanzenwachstum begünstigt. Das zeigt sich auch in der Artenvielfalt des faszinierenden Botanischen Gartens. Dort gibt es neben zahlreichen tropischen Bäumen und Sträuchern auch viele Palmen- und Bambusarten und vor allem eine Fülle von Orchideen, die fast das ganze Jahr über blühen, darunter großblütige Vanda-Hybriden (Bild links).

BOTANISCHER GARTEN SINGAPUR

BOTANISCHER GARTEN SINGAPUR
Vanda-Teres-Hybriden (Bild oben) und verschiedene Orchideenarten (Bild links) im Botanischen Garten von Singapur. Die Republik Singapur nimmt unter allen Ländern, in denen Orchideen gezüchtet werden, eine Spitzenstellung ein, weil dort systematisch eine Vielzahl von Hybriden geschaffen wird. Schon vor über hundert Jahren machte sich der Botanische Garten von Singapur als Forschungsstätte und Pflanzenzuchtanstalt einen Namen. So erhielt er 1877 durch Vermittlung des Botanischen Gartens in Kew (England) Gummibaumsämlige, die, wie sich bei der ersten »Ernte« um 1890 herausstellte, Kautschuk von erstklassiger Qualität lieferten und bald weite Verbreitung fanden. Später rückten tropische Zierpflanzen in den Mittelpunkt des Interesses, und so ist das Freigelände des Botanischen Gartens von Singapur heute eine idyllische Parklandschaft.

BOTANISCHER GARTEN SINGAPUR
In der üppigen Pflanzenwelt des Botanischen Gartens von Singapur herrschen Blattpflanzen vor. Unser Bild zeigt die großen roten Blätter der Keulenlilie Cordyline fruticosa 'Bella' (Synonym: Cordyline terminalis), eines Agavengewächses, das zum Farbenreichtum des Gartens beiträgt.

BOTANISCHER GARTEN SINGAPUR
Wie die Königsseerose (Victoria) ist auch die Seerose (Nymphaea) in praktisch allen Botanischen Gärten mit einer oder mehreren Arten vertreten. Die tropische Rote Seerose (Nymphaea rubra) blüht im Botanischen Garten von Singapur. Die prächtigen dunkelroten Blüten schwimmen nicht auf dem Wasser, sondern ragen auf ihren Stengeln aus dem Wasser empor. Diese Seerosenart stammt ursprünglich aus Indien, ist aber heute in vielen tropischen Ländern anzutreffen. Sehr schön ist auch die in Australien und auf Neuguinea heimische Riesenseerose (Nymphaea gigantea), deren stark duftende himmelblaue Blüten einen Durchmesser von bis zu 30 Zentimeter haben können.

BOTANISCHER GARTEN SINGAPUR
Der phallusförmige Blütenkolben von Amorphophallus sylvestris überragt ein großes purpurfarbenes Hochblatt mit schön gefälteltem Rand. Wie bei allen Aronstabgewächsen, zu denen diese Pflanze gehört, gibt es männliche und weibliche Blüten auf dem Hochblatt, während die Spitze des Blütenkolbens unfruchtbar ist. Außer Amorphophallus sylvestris gibt es etwa achtzig Amorphophallus-Arten, unter denen der Titanenwurz (Amorphophallus titanus) einen über ein Meter langen Blütenkolben aufzuweisen hat. Wenn es in einem europäischen Botanischen Garten gelingt, diese Pflanze im Gewächshaus zum Blühen zu bringen, so geht dies als besonderes Ereignis in die Annalen des Gartens ein.

BOTANISCHER GARTEN SINGAPUR
In jedem Botanischen Garten tropischer Länder ist der eindrucksvolle Baum der Reisenden (Ravenala madagascariensis) mit seinen zu einem breiten grünen Fächer gespreizten Blättern ein Blickfang. Im Botanischen Garten von Singapur sind mehrere dieser Bäume zu sehen. Heimisch ist der Baum der Reisenden in Madagaskar. Im 19. Jahrhundert gelangte er auch in europäische Botanische Gärten, wo er in gutbestückten Palmenhäusern zu den eindrucksvollsten Gewächsen zählt.

ARBORETUM DES BOTANISCHEN GARTENS BRÜNN
Der Botanische Garten von Brünn wurde mitsamt seinem Baumgarten erst 1967 gegründet, ist also eine recht neue Anlage, die zur Universität der slowakischen Stadt gehört. Auf einer Fläche von zehn Hektar gibt es ein Arboretum, eine Steppenlandschaft und ein Alpinum. Zu den weiteren Sehenswürdigkeiten des Botanischen Gartens von Brünn zählen Orchideen-, Weidengewächse-, Steinmispel- und Hochgebirgspflanzensammlungen.

BOTANISCHER GARTEN VIERAY CLAVYO, LAS PALMAS
Wie im Jardin Exotique du Monaco ist auch im Botanischen Garten von Las Palmas auf den Kanarischen Inseln die Pflanzenwelt nach europäischen Maßstäben ausgesprochen exotisch. Auf einem Teil dieser spanischen Inselgruppe herrscht ein heißes Tropenklima, und in den trockenen Regionen gedeihen zahlreiche Sukkulenten. Eine dieser Trockenpflanzen ist die kandelaberförmige Kanarische Wolfsmilch (Euphorbia canariensis), die stark an Kakteen erinnert und mit ihren rechteckigen Stämmen hoch aufragt. Auf unserem Bild sind die Euphorbien von Baumschlingen (Periploca laevigata) umwunden, einem Schwalbenwurzgewächs, das trockene Hitze liebt und sich oft auf sukkulenten Wolfsmilchsgewächsen findet.

BOTANISCHER GARTEN VIERAY CLAVYO, LAS PALMAS
Im Botanischen Garten von Las Palmas sind zahlreiche Pflanzen zu sehen, die auf den Kanarischen Inseln heimisch sind. Unser Bild zeigt die großen Blattrosetten des Natternkopfes (Echium simplex) mit den bis zu zwei Meter hohen Blütenständen. Auch die afrikanische Flora sowie eine Vielfalt von amerikanischen Kakteen und Ananasgewächse sind in Las Palmas gut vertreten. Der Botanische Garten umfaßt eine Fläche von 24 Hektar und kann unter fachkundiger Führung besichtigt werden.

KÖNIGLICHER BOTANISCHER GARTEN, KEW
Die wunderschönen schmiedeeiseren Wendeltreppen im Palmenhaus des Königlichen Botanischen Gartens von Kew werden von Palmenwipfeln und den Spitzen anderer tropischer Pflanzen verdeckt. Wenn eine Palme das Glasdach erreicht hat, ist ihr Ende gekommen. Sie kann nicht gestutzt werden, weil dadurch ihr Vegetationskegel abgeschnitten würde.

KÖNIGLICHER BOTANISCHER GARTEN, KEW
Eine blühende Prunkwinde (Ipomoea acuminata; Synonym: Ipomoea laerii), ein tagblühendes Windengewächs aus dem tropischen Amerika.

KÖNIGLICHER BOTANISCHER GARTEN, KEW
Am Weiher unweit des Victoria-Tors des Königlichen Botanischen Gartens von Kew erhebt sich das eindrucksvolle Palmenhaus, das zu den bekanntesten Gewächshäusern der Welt zählt. Fertiggestellt wurde es 1848, wenige Jahre nach Aufhebung der Glassteuer in England. Das Gerippe des Bauwerks wurde nicht, wie damals üblich, aus Gußeisen, sondern aus Schmiedeeisen erstellt; unser Bild zeigt einen Teil der eleganten Dachkonstruktion. Im Zuge einer Restaurierung wurde ein Teil des Gußeisens durch rostfreien Stahl ersetzt. Obwohl die tropischen Pflanzen im Palmenhaus zunächst nur mäßig gediehen, war es doch in der viktorianischen Zeit von Anfang an ein Publikumsmagnet, und das ist es bis heute geblieben.

KÖNIGLICHER BOTANISCHER GARTEN, KEW

Nicht ohne Grund wird der Botanische Garten von Kew bei London Jahr für Jahr von einer bis anderthalb Millionen Menschen besucht. Auch wer keine spezifischen botanischen Interessen hat, kann die riesige Anlage geruhsam durchwandern und sich an ihren Sehenswürdigkeiten erfreuen: an den schönen Gewächshäusern und sonstigen Bauten, am großen See, wo sich die Sumpfzypressen im Herbst kupferrot verfärben, am Barockgarten aus dem 17. Jahrhundert hinter dem Dutch House mit herrlichem Blick auf die Themse, an den prächtigen Gruppen von Bäumen und Sträuchern und an den zahllosen Blumenbeeten. Pflanzengesäumte Wege führen zum duftenden Kräutergarten, zum Grasgarten, zum Bambusgarten, zum Irisgarten und zum Heidegarten. Der 1882 angelegte große Steingarten ist ebenso wie das »Rhododendrental« im Frühling am schönsten.

KÖNIGLICHER BOTANISCHER GARTEN, KEW
Geschaffen wurde der Königliche Botanische Garten 1759 auf der Grundlage der Königlichen Pflanzensammlung von Prinzessin Augusta, der Mutter König Georgs III., die in Kew House an der Themse westlich von London ihren Wohnsitz hatte. Weltweit berühmt wurde der Botanische Garten unter der Leitung von Sir Joseph Banks, dem großen Naturforscher, der mehrere Entdeckungsreisen unternahm und 1768-1771 James Cook auf dessen erster Weltumseglung begleitete. Er schickte Botaniker und Sammler in die fernsten Weltgegenden und ließ sich von ihnen ungezählte exotische Pflanzen nach Kew bringen. Das ungewöhnlichste Gebäude des Botanischen Gartens, die alles überragende, fast fünfzig Meter hohe »Pagode«, stammt aus der Zeit der »Chinoiserien«, in der alles Chinesische den Geschmack in Europa bestimmte.

KÖNIGLICHER BOTANISCHER GARTEN, KEW
Im gigantischen Princess of Wales Conservatory, einem 1987 von der Prinzessin von Wales eröffneten, in zehn Klimazonen gegliederten Gewächshauskomplex, wurden Pflanzen zusammengestellt, die früher auf verschiedene Gewächshäuser verteilt waren. Die Dächer des Komplexes sind verschieden hoch, und ein tiefgelegtes Fundament verbessert die Isolierung. Die einfache Linienführung des Bauwerks bildet einen bewußten Kontrast zum viktorianischen Prunk des Palmenhauses. So gilt die ganze Aufmerksamkeit des Besuchers den Pflanzen, die sich von Klimazone zu Klimazone stark unterscheiden.

KLOSTERGARTEN TRESCO

KLOSTERGARTEN TRESCO

Im Klostergarten von Tresco kann man sich kaum vorstellen, daß England mit seinem vorwiegend kühlen Klima nur wenige Kilometer entfernt ist. Tresco ist eine der fünf bewohnten Scillyinseln, die vor Land's End, der Südwestspitze der britischen Insel, am Westeingang des Ärmelkanals im Atlantik liegen. Ein gewisser Augustus Smith pachtete 1834 die Inseln. Auf Tresco ließ er sich ein Haus erbauen und einen Garten anlegen. Dank des warmen Golfstroms herrscht auf den Scillyinseln ein sehr mildes und stabiles Klima, doch gelegentliche rauhe Stürme bedeuten, daß subtropische Pflanzen nicht die besten Wachstumsbedingungen vorfinden. Zu deren Schutz pflanzte man in dichten Streifen Laubbäume und Sträucher, und erst als diese herangewachsen waren, wurde der Garten für subtropische Pflanzen zu einem Paradies, in dem australische Akazien und Eukalyptusbäume, südafrikanische Sukkulenten und amerikanische Kakteen gedeihen konnten. Noch heute ist der Klostergarten von Tresco im Besitz der Familie Smith.

BOTANISCHER WÜSTENGARTEN, PHOENIX

Am schönsten ist es im Botanischen Wüstengarten von Phoenix (Arizona, USA) im Frühling, wenn die meisten Wüstenpflanzen blühen und sich auch die dornigsten, scheinbar verdorrten Kakteen mit prächtigen Blüten schmücken. Der Wüstengarten von Phoenix zeigt nicht nur die Pflanzenwelt der Wüste, sondern vermittelt auch einen Eindruck von den Lebensbedingungen, denen Menschen in Wüsten ausgesetzt sind. So wird gezeigt, wie die ersten Bewohner dieses Gebiets gelebt haben und wie sie sich auf die unwirtlichen Gegebenheiten der Wüste eingestellt haben.

BOTANISCHER WÜSTENGARTEN, PHOENIX
Rote Felsformationen säumen den riesigen Wüstengarten von Phoenix ein, in dem über viertausend verschiedene Pflanzenarten zu sehen sind. Bei der Hälfte von ihnen handelt es sich um Kakteen unterschiedlichster Formen und Größen, die zweite Hälfte setzt sich aus zum Teil faszinierenden Vertretern der Wüstenvegetation zusammen. Da viele der Pflanzen Nachtblüher sind, werden romantische Mondlichtführungen veranstaltet.

STAATLICHER BOTANISCHER GARTEN VON SÜDAFRIKA, KIRSTENBOSCH

Die Blüte des Proteusbaums (Schillerbaum; Protea cynaroides) — in Südafrika »Riesenzuckerbusch« genannt — hat einen Durchmesser von rund dreißig Zentimeter.
Von den etwa 140 Silberbaumarten wachsen gut 100 an der Südwestküste von Südafrika. Als die Bedrohung dieser Pflanzen immer deutlicher wurde, ging der Botanische Garten von Kirstenbosch dazu über, den Zuckerbusch, Südafrikas »Nationalpflanze«, zu kultivieren und danach im ganzen Land wieder auszupflanzen. Der Botanische Garten am Hang des Tafelbergs bei Kapstadt hat sich seit dem Beginn unseres Jahrhunderts auf die südafrikanische Pflanzenwelt spezialisiert.

◀ STAATLICHER BOTANISCHER GARTEN VON SÜDAFRIKA, KIRSTENBOSCH

STAATLICHER BOTANISCHER GARTEN VON SÜDAFRIKA, KIRSTENBOSCH

Euphorbia ingens, eine stark verzweigte baumförmige Sukkulente und eines der mächtigsten Wolfsmilchgewächse, ragt auf der linken Seite dieses durch den Botanischen Garten von Kirstenbosch führenden Weges empor.

STAATLICHER BOTANISCHER GARTEN VON SÜDAFRIKA, KIRSTENBOSCH

Ein wunderschön geformter »Zuckerbusch« (Protea nitida) im Botanischen Garten von Kirstenbosch. Alle Silberbaumgewächse sind in Südafrika geschützt.

STAATLICHER BOTANISCHER GARTEN DER KARRU, WORCESTER

Blühender Lampranthus (Strahlende Mittagsblume) und baumförmige Aloen schmücken den Botanischen Garten der Karru in Worcester (Südafrika).

STAATLICHER BOTANISCHER GARTEN DER KARRU, WORCESTER

Nicht nur der Staatliche Botanische Garten in Kirstenbosch, sondern auch andere Botanische Gärten im Land bemühen sich um die Erhaltung der südafrikanischen Pflanzenwelt. Einer dieser Gärten befindet sich in Worcester am Rande der Karru, einem sehr niederschlagsarmen Gebiet von Wüsten und Halbwüsten. Botaniker aus aller Welt interessieren sich für dieses Gebiet wegen seiner außergewöhnlichen Trockenpflanzen.

Sukkulenten findet man in großer Zahl im Botanischen Garten der Karru. Er umfaßt eine Fläche von 115 Hektar, die großenteils mit einheimischen Gewächsen bepflanzt ist. Zu den Hauptattraktionen gehört die prächtig blühende Mittagsblume (Lampranthus). Gewöhnlich ein unauffälliger niedriger Strauch, wird diese Pflanze zur Augenweide, sobald sich die herrlichen Blüten entfalten und die wüstenhafte Region in ein Farbenmeer verwandeln.

BOTANISKA TRÄDGÅRDEN, GÖTEBORG

Das große Palmenhaus mit der weißen gußeisernen Sitzbank wurde 1878 errichtet, aber seitdem mehrfach gründlich umgestaltet. Der Botanische Garten von Göteborg, der größte Schwedens, wurde erst später geschaffen und von 1915 bis 1923 bepflanzt. Eine Besonderheit ist der Steingarten mit seltenen skandinavischen Hochgebirgspflanzen, die wegen ihrer speziellen Ansprüche kaum anderswo gedeihen. Sie brauchen ein kühles Klima und in den Sommermonaten fast den ganzen Tag über Sonnenlicht. Eine schön gestaltete Broschüre lädt den Besucher zu einer »Reise um die Welt« ein, die im Botanischen Garten in der Asien-Abteilung ihren Anfang nimmt. In der Tat zeigen Gewächshäuser und Freianlagen Pflanzen aus aller Welt. Auch wenn sie vielleicht mit ihren an den ursprünglichen Standorten in Afrika, Amerika, Asien oder Australien wachsenden Artgenossen nicht zu vergleichen sind, vermitteln sie doch zumindest einen Eindruck vom Pflanzenreichtum unseres Planeten.

REGISTER